图说安全

——火电厂安全生产典型违章

发电运行

孙海峰　韩路　陈小强　编

王瑞龙　绘图

中国电力出版社

CHINA ELECTRIC POWER PRESS

图书在版编目（CIP）数据

火电厂安全生产典型违章.发电运行 / 孙海峰,韩路,陈小强编;王瑞龙绘图.
—北京:中国电力出版社,2017.7
（图说安全）
ISBN 978-7-5198-0930-0

Ⅰ.①火… Ⅱ.①孙… ②韩… ③陈… ④王… Ⅲ.①火电厂—安全生产—违章
作业—图解 Ⅳ.① TM621-64

中国版本图书馆 CIP 数据核字 (2017) 第 161691 号

出版发行: 中国电力出版社
地　　址: 北京市东城区北京站西街 19 号
　　　　　（邮政编码 100005）
网　　址: http://www.cepp.sgcc.com.cn
责任编辑: 畅 舒　（010-63412312）
责任校对: 马 宁
装帧设计: 张俊霞
责任印制: 蔺义舟

印　　刷: 北京瑞禾彩色印刷有限公司
版　　次: 2017 年 7 月第一版
印　　次: 2017 年 7 月北京第一次印刷
开　　本: 889 毫米 ×1194 毫米 48 开本
印　　张: 2.25
字　　数: 62 千字
印　　数: 0001—2000 册
定　　价: 19.00 元

　　《图说安全——火电厂安全生产典型违章》针对火电厂专业人员工作实际，以生动形象的漫画和精炼语言再现违章现场，具有图文并茂、通俗易懂的特点。现场生产人员通过阅读能够起到铭记安全操作规程、减少安全事故的作用。

　　本分册从发电运行人员现场着装违章，交接班违章，日常工作违章，工作态度违章，班组管理违章，巡回检查违章，操作、监护违章，工作票违章八个方面对发电运行专业近年来在生产过程中的各类违章现象进行筛选和整理，共计 86 种。

　　本书可供各发电企业现场生产人员及管理人员进行安全教育时使用，也可供电力系统相关人员学习参考。

"安全第一、预防为主"是我国安全生产管理方针，纵观电力行业近年所发生的事故，90%是由于违章产生的。所以安全生产主要从人员违章抓起。

违章是指企业员工在电力生产过程中违反电力安全生产有关法律、规章制度进行违章指挥、违章作业、违反劳动纪律的行为。违章按生产活动组织与事故直接原因之间的联系可分为：作业性违章、装置性违章、指挥性违章、管理性违章；从违章行为的性质、情节及可能引起的后果，一般可分为严重违章、较严重违章和一般性违章。对于安全生产威胁最大的就是违章，因此，我们必须将杜绝违章作为保证安全的头等大事来抓。

为提升安全生产能力，遏制人员违章发生，本书搜集整理了火电厂发电运行、机械检修、电控检修、除灰脱硫脱硝、燃料运检、电厂化学六个专业人员的典型违章行为，整理分类，汇编成册，以精炼的语言、形象的漫画再现违章现场，再敲安全警钟，再强安全意识。

编者

2017 年 5 月

目 录

一、现场着装违章

1 进入生产现场，女员工没有将长发、长辫盘在帽内。

② 戴围巾、穿长衫巡视检查转动设备。

③ 进入生产车间或检修作业现场，不戴安全帽或未系好安全帽下颌带。

④ 进入作业现场不按规定使用劳动安全防护用品。

5 电气工作人员工作时不穿绝缘鞋，不戴绝缘手套。

❻ 打焦、看火人员不戴护目镜。

7 进入生产现场巡视设备或操作时，衣服袖口挽起或不扣衣扣。

⑧ 电气工作人员工作时不配带验电笔。

9 接触高温设备，工作人员不戴手套或不穿防火服。

10 进入配电室不戴安全帽。

二、交接班违章

11 运行交接班交接不清，或未履行交接班签字手续即进行交接班。

12 不按规定的设备巡查路线和巡查时间进行设备巡查。

13 接班人员接班前不认真检查设备系统，盲目接班。

14 接班后不按实际情况进行事故预想。

15 接班记录潦草，不认真或填写假记录。

三、日常工作违章

16 检查转动设备不听音，听音不使用听音棒。

17 停、送电操作不核对设备。

18 装设接地线前不验电，不检查回路断开情况。

⑲ 误拉合断路器。

20 接地线未拆除误送电。

21 操作熔断器、动力直流熔断器不戴绝缘手套。

22 送电时未按规定选用适当的熔断器。

23 不经同期检查，并列发电机。

24 断路器未断开，先拉隔离开关。

轰隆

25 雷雨天进行室外电气操作。

26 更换发电机励磁机碳刷不戴手套，不站在绝缘垫上。

27 操作中使用不合格的，或未按期限进行定期试验的绝缘工器具、高压验电器。

28 打焦时工作人员未站在除焦口侧面，且未戴手套。

29 直接用水冲洗运行或备用中的电气设备外壳上的积灰。

30 开关设备、阀门编号及标志不清，盲目操作。

31 启、停转动设备，不检查系统，不到现场检查设备。

32 运行设备超过铭牌上的额定功率运行。

四、工作态度 违章

33 上班迟到、早退、串岗、溜号、斗殴。

34 上班期间做与工作无关事情，干私活。

35 上班期间打盹、睡觉。

36 运行设备专责人不熟悉设备、系统及有关规程制度。

37 运行设备专责人在本专责区域内发现违章作业现象不制止，或视而不见，不纠正。

38 监盘时做与监盘无关的事情，与周围人闲谈。

39 监盘人员长时间离盘。

⑩ 长时间占用生产电话闲聊。

41 不按时抄报表，不就地抄表，凭记忆抄表，或照前面报表抄。

42 电话联系工作，不主动向对方通报姓名。

43 设备缺陷未及时发现，发现后未及时采取措施。

五、班组管理 违章

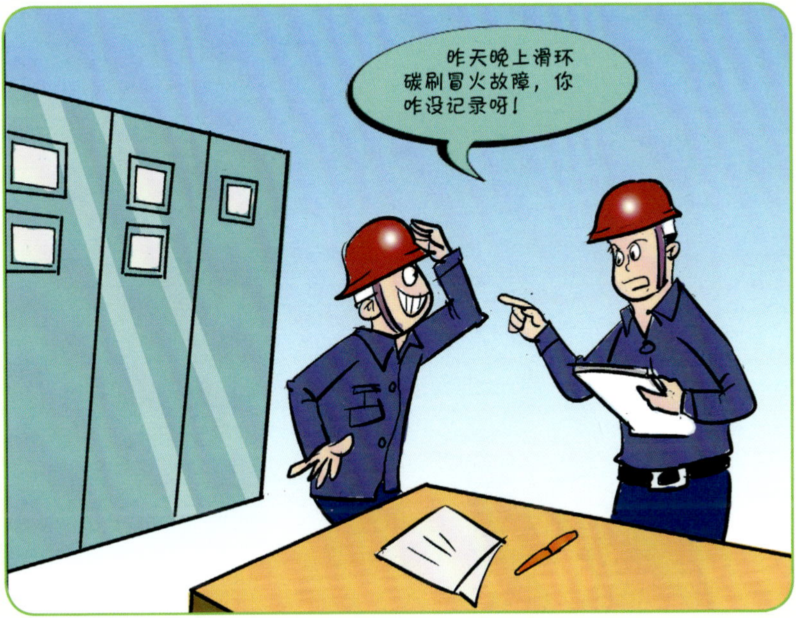

44 对值班期间发生的不安全事件，值班记录中无记录或记录不完全。

45 值长、班长、主值班员同时离开集控室，不履行请假手续。

46 异常情况不认真做记录。

47 设备、系统变更，切换后不认真做记录。

48 配电室钥匙管理不到位。

49 不认真执行设备停、送电制度。

50 没有参加当年安规考试或考试不及格者，进入现场工作。未经安全技术培训考核合格者，独立上岗。

六、巡回检查 违章

51 巡查设备不按"五到"执行。

52 夜间巡查设备不带手电筒。

53 巡回检查中随意移动临时遮栏和各类防护设施。

七、操作、监护**违章**

你好像还没有办工作票呀！

54 无操作票进行电气设备倒闸操作或进行设备启停操作、热力系统切换操作。

55 单人操作（规程许可者除外）和非当值运行人员以外的其他人员擅自操作运行中的设备。

56 电气倒闸操作不唱票、不复诵、不模拟核对。

57 电气倒闸操作、热力系统切换、设备的启停操作不持操作票（卡），或带票（卡）不看票（卡）、不按票（卡）项目逐项执行。

58 操作票（卡）未经班长、值长、批准人审批签名就进行操作。

59 电气倒闸操作使用操作票草稿进行操作，操作完后重新填票。或不使用操作票操作，操作完后一次全画"√"执行符号。

60 操作过程中，监护人放弃监护参与操作。

61 操作过程中未按规定使用安全防护用品、用具。

操作票里没有这个工作项目呀！

62 操作过程中，监护人和操作人不经班长、值长批准同意，改变操作项目或擅自改变操作内容。

63 操作过程中走错位置误启、停备用或运行中设备。

64 操作过程中监护人做与操作任务无关的事。

65 操作过程中不认真按规程规定，控制参数升降速度。

工作内容我都记住了，不用复诵了！

66 电话接受操作任务后不复诵。

67 操作过程中未经许可，强行解除电气防误闭锁装置。

68 大型设备启、停操作前不写操作票，不填用操作卡和危险点预控表。

69 操作票字迹不清楚，或在票面上涂抹乱画。

70 DCS 上操作，无人监护。

71 机组启停或重大试验工作，操作人、监护人不明确或监护人中途离开。

八、工作票违章

嗨，工作票还没办好呢!

72 检修人员无票工作或工作票不符合规定即行开工。

73 无工作票进行设备检修工作。

74 工作票无签发人签名就办理许可开工手续。

75 工作票所列工作内容与实际内容不符，检修人员擅自扩大检修工作范围。

76 电气设备检修工作应使用电气一种票，而使用第二种工作票。

77 工作许可前，工作许可人与工作负责人未共同到工作现场检查安全措施完成情况，即允许开工。

78 工作票安全措施未实施，或安全措施未按要求认真执行。

79 工作结束后，作业现场未做到"工完、料净、场地清"就终结工作票。

80 办理工作票终结，工作负责人、工作许可人没有共同到现场检查、签字，就办理终结手续。

你怎么还在这啊，老李那边已经开工了，你不是工作负责人吗？

81 既当某项工作的工作负责人，又是另一工作的工作班职员，同时持两份工作票，且两项工作同时开工，工作负责人完全没有起到应有的作用。

82 工作票漏项、增项、票面不洁、字迹不清。

83 没有工作许可人资格的人员承担工作许可人或办理工作票许可手续。

84 工作结束后，工作票保存不完整或丢失。

85 工作票办理开工、完工后不进行登记。

86 设备试转时未严格执行相关手续，试转完后重新开工未严格执行许可制度。